科学のアルバム

# 高山チョウのくらし

斎藤 嘉明

あかね書房

## もくじ

監修●堀　勝彦
構成協力●山下宜信
イラスト●四本　充
渡辺洋二
むかいながまさ
林　四郎
装丁●画　工　舎

科学のアルバム

# 高山チョウのくらし

斎藤嘉明（さいとう　よしあき）

一九三四年、東京都武蔵野《むさしの》市に生まれる
幼年《ようねん》時代より昆虫《こんちゅう》に興味《きょうみ》をもち、学生時代から趣味《しゅみ》で昆虫の写真を撮《と》りはじめる。

一九五七年、フリーの写真家として独立《どくりつ》。おもに建築《けんちく》写真を専門《せんもん》に撮影《さつえい》。

一九七三年、東京から長野県の安曇野《あずみの》に移《うつ》り住み、本格的《ほんかくてき》に自然《しぜん》の写真を撮りはじめる。

以後《いご》、〝ゆたかな自然の小さな命〟をテーマに図鑑《ずかん》、動物雑誌《ざっし》などに作品を発表し、今日にいたる。

著書《ちょしょ》に「小さな自然の四季《しき》」（共立出版）、「上高地」（岩波書店）がある。

日本《にっぽん》の屋根《やね》とよばれる北《きた》アルプス。その頂近《いただきちか》くにも、チョウがすんでいます。タカネヒカゲやミヤマモンキチョウなどの高山《こうざん》チョウです。

日本《にっぽん》のチョウのなかで、もっとも高《たか》い場所《ばしょ》にすむこのチョウたちは、どんなくらしをしているのでしょう。

●ハイマツにとまるミヤマモンキチョウ。

➡ 四月下旬《がつげじゅん》、長野県松本市郊外《ながのけんまつもとしこうがい》からのぞむ北《きた》アルプス。山《やま》の頂《いただき》とふもとでは、やく十一度《ど》の温度差《おんどさ》があります。

⬅ 五月上旬《がつじょうじゅん》、レンゲの花《はな》のみつをすうツバメシジミ。幼《よう》虫《ちゅう》で冬《ふゆ》をこし、この春《はる》、成虫《せいちゅう》になったばかりです。

## ふもとの春《はる》

標高《ひょうこう》三千《ぜん》メートル以上《いじょう》の山《やま》やまがつらなる北《きた》アルプスは、長野《ながの》、新潟《にいがた》、富《と》山《やま》、岐阜《ぎふ》の四県《けん》にまたがる、広大《こうだい》な山《やま》なみです。

そのふもとでは、四月《がつ》なかごろになって、やっと春《はる》をむかえます。平地《へいち》にすむチョウが、つぎつぎと姿《すがた》をみせはじめ、花《はな》のみつをもとめてとびかいます。

しかし、山《やま》の頂《いただき》は、まだ深《ふか》い雪《ゆき》にとざされたままです。頂《いただき》ふきんの雪《ゆき》がとけ、草《くさ》や木《き》が芽《め》をだしはじめるまで、あと一か月《げつ》以上《いじょう》もまたなければなりません。

タカネヒカゲの幼《よう》虫《ちゅう》は，やく8か月《げつ》間《かん》，石《いし》の下《した》にもぐって冬《ふゆ》ごしをしていました。

雪《ゆき》がとけはじめたりょう線《せん》。ふもとからここまで，標《ひょう》高《こう》差《さ》にしてやく2,000メートルもあります。

## 山《やま》の雪《ゆき》どけ

五月《がつ》下《げ》旬《じゅん》、ふもとからみあげる山《やま》の頂《いただき》が、めっきり黒《くろ》ずんできました。雪《ゆき》がとけ、頂《いただき》にもおそい春《はる》がやってきたようです。

登《のぼ》ること五時《じ》間《かん》。山《やま》の頂《いただき》と頂《いただき》をむすぶ尾《お》根《ね》（りょう線《せん》）にたどりつきました。ここが、タカネヒカゲやミヤマモンキチョウのすんでいる場《ば》所《しょ》です。りょう線《せん》は気《き》温《おん》が低《ひく》く、強《つよ》い風《かぜ》や乾《かん》燥《そう》のために、低《てい》木《ぼく》や草《くさ》が、わずかにはえているだけです。

残《ざん》雪《せつ》の間《あいだ》から顔《かお》をだした草《くさ》や石《いし》の上《うえ》で、タカネヒカゲの幼《よう》虫《ちゅう》をみつけました。大《おお》きいのと小《ちい》さいのと、二種《しゅ》類《るい》の幼《よう》虫《ちゅう》がいます。なぜ大《おお》きさのちがう幼《よう》虫《ちゅう》がいるのでしょう。

↑タカネヒカゲの幼虫《ようちゅう》は，おもにスゲの葉《は》を食《た》べます。体長《たいちょう》がやく７ミリメートルの小《ちい》さい方《ほう》の幼虫《ようちゅう》は，のびはじめたスゲの葉《は》をさかんに食《た》べています。

←岩《いわ》の上《うえ》を歩《ある》くタカネヒカゲの大《おお》きな幼《よう》虫《ちゅう》。体長《たいちょう》やく25ミリメートル。からだはまるまると太《ふと》っています。大《おお》きな幼《よう》虫《ちゅう》は，岩《いわ》の上《うえ》を歩《ある》いたあと，石《いし》の下《した》にもぐってしまい，スゲの葉《は》を食《た》べようとはしません。

⬆タカネヒカゲの幼虫《ようちゅう》は，石《いし》の下《した》のかれ草《くさ》に，口《くち》からはく糸《いと》でハンモックのようなものをつくります。その上《うえ》にあおむけになり，さなぎになる準備《じゅんび》をします（上《うえ》の石《いし》をとって撮影《さつえい》）。

## 二年《ねん》がかりで成長《せいちょう》するタカネヒカゲ

六月《がつ》になると、タカネヒカゲの大《おお》きい方《ほう》の幼虫《ようちゅう》は、石《いし》の下《した》にかくれて、さなぎになる準備《じゅんび》をはじめます。小《ちい》さい方《ほう》の幼虫《ようちゅう》には変化《へんか》はありません。

タカネヒカゲは、卵《たまご》からふ化《か》したつぎの年《とし》は、幼虫《ようちゅう》のままですごし、二年《ねん》後《ご》にやっと成虫《せいちゅう》になります。

きょ年《ねん》生《う》まれた小《ちい》さな幼虫《ようちゅう》と、二年《ねん》前《まえ》に生《う》まれた大《おお》きな幼虫《ようちゅう》の二種類《しゅるい》がいるのは、このためです。

二年《ねん》がかりの成長《せいちょう》は、平地《へいち》のチョウにはない特《とく》ちょうです。高山《こうざん》の低《ひく》い気《き》温《おん》が、成長《せいちょう》をおそくしているのです。

⬆石《いし》の下《した》で3～4日《か》じっと動《うご》かなかった幼虫《ようちゅう》が，からだをはげしく動《うご》かしはじめます（１）。つづいて，からだのからをはらの方《ほう》によせると，背中《せなか》がさけ，クリーム色《いろ》のさなぎがあらわれます(2，3)。そして，３時間後《じかんご》，さなぎの色《いろ》が黒《くろ》ずんできます（４）。幼虫《ようちゅう》のやく３分《ぶん》の１は，冬《ふゆ》をこした石《いし》の下《した》でそのままさなぎになりますが，残《のこ》りの幼虫《ようちゅう》は，別《べつ》の石《いし》の下《した》へうつってさなぎになります。こうして，冬《ふゆ》ごしからさめた幼虫《ようちゅう》は，なにも食《た》べずにさなぎになります。

北《きた》アルプスのお花畑《はなはたけ》。シナノキンバイやコバイケイソウなど高山植物《こうざんしょくぶつ》がさきみだれます。

## 高山《こうざん》に登《のぼ》るチョウ

つゆがあけ、七月《がつ》半《なか》ばになると、高山《こうざん》にも夏《なつ》がやってきます。タカネヒカゲが、さなぎから羽化《うか》して、成虫《せいちゅう》になるころです。

山《やま》を登《のぼ》るにしたがい、まわりにはえている木《き》や草《くさ》の種類《しゅるい》がちがってくるのに気《き》づきます。標高《ひょうこう》二千《せん》五百《ひゃく》メートルをすぎるあたりから、高《たか》い木《き》はなくなり、一面《いちめん》にお花畑《はなばたけ》がひろがってきます。残雪《ざんせつ》のそばでは、高《こう》山植物《ざんしょくぶつ》がいっせいに花《はな》をさかせています。

このお花畑《はなばたけ》には、平地《へいち》にすむチョウもとんできて、夏《なつ》の間《あいだ》だけくらすことがあります。ですから、高山《こうざん》でみかけるチョウが、すべて高山《こうざん》チョウとはいえないのです。

←コバイケイソウにとまり，花《はな》のみつをすうクジャクチョウ。ふだんは平地《へいち》でくらすチョウですが，夏《なつ》には，たくさんの成虫《せいちゅう》が，すずしくて花《はな》の豊富《ほうふ》なお花畑《はなばたけ》へ登《のぼ》ってきます。

↓ウサギギクにとまるコヒオドシ。コヒオドシは高山《こうざん》チョウの一種《しゅ》とされていますが，幼虫《ようちゅう》が育《そだ》つのは，おもに標《ひょう》高《こう》1,700メートル前後《ぜんご》の川《かわ》べりです。

➡あおむけのまま、さなぎのからをぬぐタカネヒカゲ（上《うえ》の石《いし》をとって撮影《さつえい》）。

⬅午前《ごぜん》八時《じ》三十五分《ふん》、さなぎのからからぬけでた成虫《せいちゅう》は、石《いし》の下《した》からはいだし、十五センチメートルほどはなれたほかの石《いし》につかまりました。八時《じ》四十三分《ぷん》、はねがのびてきました。八時《じ》五十二分《ふん》、また、十センチメートルほど歩《ある》いて、はねがじゅうぶんのばせる石《いし》にうつりました。五分後《ふんご》、はねは、すっかりのびきりました。

## タカネヒカゲの羽化《うか》

お花畑《はなばたけ》を登《のぼ》りきると、やがてりょう線《せん》にたどりつきます。りょう線《せん》ふきんにも、コマクサやタカネスミレなどの高山植物《こうざんしょくぶつ》が花《はな》をさかせています。

タカネヒカゲの幼虫《ようちゅう》が、石《いし》の下《した》でさなぎになってから四十日《にち》。さなぎのからをとおして、成虫《せいちゅう》のはねがすけてみえます。羽化《うか》はもうまぢかです。

それから二日後《かご》の朝《あさ》、石《いし》の下《した》から、はねののびきっていない成虫《せいちゅう》が、いきおいよく走《はし》りだしてきました。石《いし》の下《した》でさなぎのからをぬぎ、羽化《うか》していたのです。

夜《よる》，スゲの葉《は》を食《た》べるタカネヒカゲの幼虫《ようちゅう》。夜《よる》だとライチョウなどの鳥《とり》にねらわれる心配《しんぱい》もありません。

## あまりとばないタカネヒカゲ

タカネヒカゲは、かっぱつにとびまわるチョウではありません。おすはふつう、岩《いわ》の上《うえ》やハイマツの枝先《えださき》にとまって、めすが近《ちか》づくのをまち、交尾《こうび》します。

タカネヒカゲの小《ちい》さい方《ほう》の幼虫《ようちゅう》は、やく二倍《ばい》の大《おお》きさに成長《せいちょう》しました。この幼虫《ようちゅう》は、春《はる》には昼間《ひるま》活動《かつどう》していましたが、夏《なつ》になると、昼間《ひるま》は石《いし》の下《した》にかくれ、夜活動《よるかつどう》します。

⬆タカネヒカゲの交尾《こうび》。おすは，なかまのチョウがとんでくると，すばやくとびたち，めすだとわかると，からまるように地上《ちじょう》におりて交尾《こうび》をせまります。

⬆ミヤマモンキチョウの幼虫《ようちゅう》のからだの色《いろ》は，クロマメノキの葉《は》にとてもよくにた保護色《ほごしょく》です。

⬆6月上旬《がつじょうじゅん》，まだかたくて赤《あか》いクロマメノキの新芽《しんめ》を食《た》べるミヤマモンキチョウの幼虫《ようちゅう》。体長《たいちょう》はやく8ミリメートルです。

## 一年《ねん》で成長《せいちょう》するミヤマモンキチョウ

タカネヒカゲの幼虫《ようちゅう》より少《すこ》しおくれて、六月上旬《がつじょうじゅん》、ミヤマモンキチョウの幼虫《ようちゅう》が、冬《ふゆ》ごししていた落《お》ち葉《ば》の下《した》から姿《すがた》をみせます。そして、近《ちか》くのクロマメノキという低《てい》木《ぼく》に登《のぼ》り、その葉《は》を食《た》べはじめます。

タカネヒカゲにくらべて成長《せいちょう》のはやいミヤマモンキチョウは、幼虫《ようちゅう》で一冬《ひとふゆ》こすと、つぎの年《とし》には成虫《せいちゅう》になります。

ミヤマモンキチョウの幼虫《ようちゅう》は、クロマメノキの日《ひ》あたりのよい場所《ばしょ》でくらし、よく食《た》べ、ぐんぐん大《おお》きくなります。

気温《きおん》の低《ひく》い高山《こうざん》では、活動《かつどう》できる期間《きかん》が短《みじか》いことを知《し》っているのでしょうか。

鳥《とり》にはみつかりにくい幼虫《ようちゅう》の保護色《ほごしょく》も，動《うご》くものをおそうクモや，においをたよりにえものをさがすアリには，あまり効果《こうか》がありません。

→さなぎになる準備《じゅんび》にとりかかったミヤマモンキチョウの幼虫《ようちゅう》。口《くち》からはく糸《いと》で、からだをクロマメノキの枝《えだ》に固定《こてい》します。

←ミヤマモンキチョウの幼虫《ようちゅう》やさなぎは、クロマメノキの枝《えだ》が、はげたようになっている場所《ばしょ》にいます。写真《しゃしん》の右下《みぎした》に、さなぎになる準備《じゅんび》にとりかかった幼虫《ようちゅう》が、左下《ひだりした》に、さなぎがいます。

## めだつ場所《ばしょ》でさなぎになる幼虫《ようちゅう》

七月《がつ》上旬《じょうじゅん》、ミヤマモンキチョウの幼虫《ようちゅう》は、体長《たいちょう》やく三十五ミリメートルに成長《せいちょう》しました。一か月《げつ》の間《あいだ》に、四倍《ばい》以上《いじょう》も大《おお》きくなったことになります。

ミヤマモンキチョウの幼虫《ようちゅう》がいるクロマメノキの枝《えだ》は、葉《は》がすっかり食《た》べつくされています。そのようなよくめだつ場所《ばしょ》で、幼虫《ようちゅう》はさなぎになります。

多《おお》くのチョウの幼虫《ようちゅう》は、さなぎになるとき、安全《あんぜん》な場所《ばしょ》へと移動《いどう》しますが、ミヤマモンキチョウの幼虫《ようちゅう》は移動《いどう》しません。葉《は》のかげにかくれるより、日《ひ》のあたるあたたかい場所《ばしょ》の方《ほう》がよいのでしょうか。

←前日《ぜんじつ》にさなぎになる準備《じゅんび》をすませたミヤマモンキチョウの幼虫《ようちゅう》が、からだをさかんにのびちぢみさせて(右《みぎ》)、幼虫《ようちゅう》のからをぬぎはじめました。背中《せなか》のからがわれ(左《ひだり》)、さなぎがでてくるまで、やく七分間《ふんかん》のできごとでした。

→クロマメノキの花《はな》の下《した》でさなぎになったミヤマモンキチョウ。さなぎになって十二日目《にちめ》。成虫《せいちゅう》のはねのピンクのふちどりがみえます。

←さなぎからでてきたミヤマモンキチョウは、枝先《えださき》まで登《のぼ》り、はねをのばします。十分《ぶん》ほどではねはのびきり、その後《ご》やく四時間《じかん》、はねのかわくのをまってとびたちます。

## ミヤマモンキチョウの羽化《うか》

さなぎになった十日目《かめ》ごろから、からをとおして、成虫《せいちゅう》のはねの色《いろ》がすけてみえるようになります。そうなると、あと四、五日《にち》で羽《う》化《か》をむかえます。

羽化《うか》は、よく晴《は》れた日《ひ》の午前中《ごぜんちゅう》に多《おお》くみられます。タカネヒカゲが、さなぎになってから羽化《うか》まで、四十日《にち》以上《いじょう》もかかったのにくらべると、ミヤマモンキチョウの成長《せいちょう》がいかにはやいかがわかります。

➡羽化後《うかご》やく30分《ぷん》のめす（下《した》）。めすははねを小《ちい》さく動《うご》かして，とんできたおすをさそいます。めすのはねの表《おもて》は白《しろ》い色《いろ》です。

⬆交尾《こうび》はじっとしたまま，70～80分間《ぷんかん》つづきます。

⬆おすはすぐにまいおり，交尾《こうび》にはいります。

## めすをもとめてとぶおす

ミヤマモンキチョウは、はじめにおすが羽化《うか》します。めすはそれから四、五日《にち》おくれて羽化《うか》します。

めすは、羽化《うか》してすぐに交尾《こうび》することができますが、おすは、羽化《うか》して数《すう》日《じつ》たたないと交尾《こうび》することができません。そのため、おすはめすよりもはやく羽化《うか》するのです。

おすは、クロマメノキの上《うえ》をとびかい、羽化《うか》してきためすをみつけると、その場《ば》で交尾《こうび》します。こうすることで、短《みじか》い期間《きかん》に、まちがいなく子孫《しそん》を残《のこ》すことができるのです。

→ガスがかかって，くもったりょう線《せん》。

←ハクサンシャクナゲの花《はな》のみつをすうミヤマモンキチョウ。

↓はねを横《よこ》にたおしたタカネヒカゲは，岩《いわ》の色《いろ》によくにているので，みつけるのがたいへんです。

## 気《き》温《おん》の低《ひく》い高《こう》山《ざん》での生《せい》活《かつ》

ミヤマモンキチョウは、ハクサンシャクナゲやウラジロキンバイ、タカネヒカゲは、ミヤマコゴメグサやクロマメノキなどの高《こう》山《ざん》植《しょく》物《ぶつ》の花《はな》のみつをすいにやってきます。

晴《は》れていれば、おすはめすをもとめて、めすは産《さん》卵《らん》の場《ば》所《しょ》をみつけるためにとんでいます。しかし、ひとたびくもると、とぶのをやめてしまいます。気《き》温《おん》が急《きゅう》に下《さ》がり、からだがひえて、とべなくなるのです。

そんなとき、タカネヒカゲは、はねを横《よこ》にたおしてとまっています。風《かぜ》のつよい高《こう》山《ざん》で、少《すこ》しでも多《おお》く太《たい》陽《よう》の光《ひかり》をあびるために身《み》につけた習《しゅう》性《せい》なのでしょう。

サクラの花《はな》のみつをすうクモマツマキチョウのおす。

ドロノキにとまるオオイチモンジのおす。

水《みず》をすうミヤマシロチョウのおす。

## 本州《ほんしゅう》の高山《こうざん》チョウ

本州《ほんしゅう》にはタカネヒカゲとミヤマモンキチョウ以外《いがい》に七種《しゅ》の高山《こうざん》チョウがいます。ベニヒカゲ、クモマベニヒカゲ、タカネキマダラセセリ、クモマツマキチョウ、オオイチモンジ、ミヤマシロチョウ、コヒオドシです。

フキノトウのみつをすうコヒオドシ。

イワノガリヤスにとまるタカネキマダラセセリ。

日光浴《にっこうよく》をするクモマベニヒカゲ。

交尾《こうび》をするベニヒカゲ。右《みぎ》がめす。

大雪山系《だいせつさんけい》では,標高《ひょうこう》やく1,800メートル以上《いじょう》に高山《こうざん》チョウのすむひろい岩原《いわはら》がひろがっています。

## 北海道《ほっかいどう》にすむ高山《こうざん》チョウ

北海道《ほっかいどう》にも大雪山系《だいせつさんけい》を中心《ちゅうしん》に高山《こうざん》チョウがすんでいます。大雪山系《だいせつさんけい》の標高《ひょうこう》は二千《せん》メートルぐらいと低《ひく》いのですが、本州《ほんしゅう》より北《きた》にあるため低温《ていおん》です。そのため、頂上《ちょうじょう》ふきんが、北《きた》アルプスのりょう線《せん》ににたかんきょうになっています。

大雪山《だいせつさん》には、北海道《ほっかいどう》だけにすむウスバキチョウ、ダイセツタカネヒカゲ、アサヒヒョウモン、カラフトルリシジミの四種《しゅ》と、本州《ほんしゅう》にもすんでいるクモマベニヒカゲの合計《ごうけい》五種《しゅ》がいます。

交尾《こうび》をするダイセツタカネヒカゲ。右《みぎ》がめす。

ハイマツにとまるウスバキチョウのおす。

カラフトルリシジミのおす。（撮影《さつえい》・渡辺康之《わたなべやすゆき》）

日光浴《にっこうよく》をするアサヒヒョウモン。

産卵《さんらん》するタカネヒカゲ。2秒《びょう》ほどで1個《こ》の卵《たまご》をうみますが，つぎの産卵《さんらん》までには，日《ひ》なたぼっこや花《はな》のみつをすったりしていて，30分《ぷん》ぐらいかかります。

## 産卵《さんらん》

タカネヒカゲは七月下旬《がつげじゅん》、ミヤマモンキチョウはそれより少《すこ》しおくれて産卵《さんらん》をはじめます。

ミヤマモンキチョウは、幼虫《ようちゅう》のえさとなるクロマメノキの葉《は》の表《おもて》に、卵《たまご》を一個《こ》ずつ、むぞうさにうんでいきます。

それにくらべ、タカネヒカゲの産卵《さんらん》はとてもしんちょうです。幼虫《ようちゅう》のえさとなるスゲの、しかもなぜか、かれ葉《は》に産卵《さんらん》します。かれ葉《は》は、冬《ふゆ》の雪《ゆき》で地《じ》面《めん》におしつけられていて、りよう線《せん》の強《つよ》い風《かぜ》にふかれてもあまりゆれないので、卵《たまご》がおちる心配《しんぱい》がないのでしょう。

⬆スゲのかれ葉《は》にうみつけられたタカネヒカゲの卵《たまご》(横《よこ》1.1㎜，たて1.3㎜)。成虫《せいちゅう》のからだのわりに卵《たまご》が大《おお》きいので，数《かず》はあまり多《おお》くないようです。もし，高《たか》くのびた青葉《あおば》に卵《たまご》をうみつけたら，風《かぜ》で葉《は》がゆれ，卵《たまご》がこすりおとされることも考《かんが》えられます。そのようなことがないように，かれ葉《は》に卵《たまご》をうむのでしょう。

⬅クロマメノキの葉《は》にうみつけられたミヤマモンキチョウの卵《たまご》(直《ちょっ》径《けい》0.6㎜，高《たか》さ1.3㎜)。卵《たまご》のからは，タカネヒカゲの卵《たまご》にくらべてうすく，内部《ないぶ》のようすがすけてみえます。数日《すうじつ》たつと，卵《たまご》の色《いろ》はオレンジ色《いろ》にかわります。

午前《ごぜん》5時《じ》，北《きた》アルプスからみた日《ひ》の出《で》。気温《きおん》9°C。夏《なつ》はかけ足《あし》ですぎさっていきます。

## 幼虫《ようちゅう》のたん生《じょう》

成長《せいちょう》のはやいミヤマモンキチョウの卵《たまご》は、うみつけられてから十日《か》ほどでふ・化《か》します。タカネヒカゲの卵《たまご》のふ化《か》は、二十五日《にち》ぐらいかかり、八月半《がつなか》ばごろからはじまります。

この時期《じき》の高山《こうざん》は、夜《よる》になるとかなり冷《ひ》えこみます。タカネヒカゲの卵《たまご》は、いつも早朝《そうちょう》にふ化《か》します。かれ葉《は》の上《うえ》で生《う》まれた幼虫《ようちゅう》が、その日《ひ》のあたたかいうちに、食《た》べられる青葉《あおば》へうつるためでしょうか。

八月下旬《げじゅん》、高山《こうざん》の短《みじか》い夏《なつ》もおわり、成虫《せいちゅう》の姿《すがた》はもうみあたりません。

←卵《たまご》からでてくるタカネヒカゲの幼虫《ようちゅう》。朝《あさ》，まだ暗《くら》いうちから卵《たまご》の上部《じょうぶ》にあなをあけ，１時間《じかん》ほどででてきます。卵《たまご》からでた幼虫《ようちゅう》は，卵《たまご》のからを食《た》べてしまいます。

↓生《う》まれて３日《か》目《め》のミヤマモンキチョウの幼虫《ようちゅう》。卵《たまご》からでた幼虫《ようちゅう》の多《おお》くは，卵《たまご》のからを食《た》べますが，この幼虫《ようちゅう》は，からを残《のこ》したままです。白《しろ》いつぶのようなものが卵《たまご》のからです。幼虫《ようちゅう》は，クロマメノキの葉《は》の表《おもて》がわだけを食《た》べます。

9月《がつ》下旬《げじゅん》のりょう線《せん》。スゲはかれはじめ，クロマメノキやウラシマツツジが，地面《じめん》を赤《あか》くそめています。

## 秋《あき》のおとずれ

九月《がつ》下旬《げじゅん》、りょう線《せん》にたどりつくと、そこは一面《いちめん》、草《くさ》もみじの世界《せかい》です。

スゲの葉《は》は先《さき》からかれはじめ、タカネヒカゲの幼虫《ようちゅう》の食《た》べあとは、もうみあたりません。スゲのはえている近《ちか》くの石《いし》をとると、きょ年生《ねんう》まれた幼虫《ようちゅう》が、はやくも冬《ふゆ》ごしの準備《じゅんび》にとりかかっています。この夏生《なつう》まれた小《ちい》さな幼虫《ようちゅう》は、どこにかくれてしまったのかみつかりません。

いっぽうミヤマモンキチョウの幼虫《ようちゅう》は、赤《あか》く色《いろ》づいたクロマメノキの葉《は》を、まだ食《た》べつづけています。体長《たいちょう》は、やく九ミリメートルになっていました。

←紅葉《こうよう》したクロマメノキの葉《は》を食《た》べるミヤマモンキチョウの幼虫《ようちゅう》。

↓2回目《かいめ》の冬《ふゆ》ごしを前《まえ》にして，まるまると太《ふと》ったタカネヒカゲの幼虫《ようちゅう》(上《うえ》の石《いし》をとって撮影《さつえい》)。

## ふもとの秋《あき》

十月《がつ》になると、山《やま》の紅葉《こうよう》が、上《うえ》からふもとの方《ほう》にむかって、日《ひ》一日《にち》とおりてきます。

ふもとでも、朝夕《あさゆう》はめっきり冷《ひ》えこんできますが、あたたかい日《ひ》には、まだチョウのとぶ姿《すがた》がみられます。

平地《へいち》にいるモンキチョウは、ミヤマモンキチョウにとても近《ちか》いなかまです。モンキチョウは、寒《さむ》さに強《つよ》いうえに、北海道《ほっかいどう》のような北国《きたぐに》でも年《ねん》に三回《かい》、あたたかい地方《ちほう》では年《ねん》に五、六回《かい》も発生《はっせい》します。そのため、秋《あき》のおそい時期《じき》でも成虫《せいちゅう》の姿《すがた》をみることができるのです。

➡ふもとのサクラの葉《は》が紅葉《こうよう》するころ、高山《こうざん》の頂《いただき》は、うっすらと初雪《はつゆき》におおわれます。

⬅朝《あさ》つゆにぬれながら、アザミにとまるモンキチョウ。

➡霜《しも》のおりたクロマメノキの葉《は》の裏《うら》にひそむミヤマモンキチョウの幼虫《ようちゅう》。日《ひ》がのぼり、気温《きおん》が上《あ》がると活動《かつどう》をはじめますが、なかには寒《さむ》さで動《うご》けなくなり、死《し》ぬものもいます。

⬅落《お》ち葉《ば》のなかで冬《ふゆ》ごしの場所《ばしょ》をさがすミヤマモンキチョウの幼虫《ようちゅう》。外敵《がいてき》の少《すく》ない高山《こうざん》では、外敵《がいてき》に食《た》べられるよりも、きびしい冬《ふゆ》の間《あいだ》に死《し》んでしまう幼虫《ようちゅう》の方《ほう》が多《おお》いようです。

## 冬《ふゆ》ごしにはいる幼虫《ようちゅう》

十月《がつ》上旬《じょうじゅん》のある朝《あさ》、びっしりと霜《しも》のおりたクロマメノキの葉《は》の裏《うら》に、ミヤマモンキチョウの幼虫《ようちゅう》がいるのをみつけました。

タカネヒカゲの幼虫《ようちゅう》は、すでに石《いし》の下《した》にかくれて、冬《ふゆ》ごしにはいっています。ミヤマモンキチョウの幼虫《ようちゅう》のなかにも、はやく生《う》まれた幼虫《ようちゅう》は、落《お》ち葉《ば》の中《なか》にもぐって冬《ふゆ》ごしにはいっているものがいます。

この幼虫《ようちゅう》は、おそく生《う》まれたために、一日《にち》でも長《なが》く葉《は》を食《た》べ、大《おお》きくなろうとしているのでしょう。でも、もう一度《ど》霜《しも》がおりると、クロマメノキの葉《は》はかれおち、幼虫《ようちゅう》は冬《ふゆ》ごしにはいらなければなりません。

➡かれ草《くさ》の中《なか》で冬《ふゆ》をこすキタテハの成虫《せいちゅう》。

⬅サンショの枝《えだ》で冬《ふゆ》をこすアゲハのさなぎ。

⬇ハンノキの冬芽《ふゆめ》のそばにうみつけられたミドリシジミの卵《たまご》。

## さまざまな冬《ふゆ》ごし

十一月《がつ》になると、ふもとでも、もうチョウのとぶ姿《すがた》はみられなくなりました。冬《ふゆ》ごしにはいったのです。

チョウは種類《しゅるい》により、卵《たまご》や幼虫《ようちゅう》、さなぎ、成虫《せいちゅう》など、冬《ふゆ》ごしの姿《すがた》がちがいます。

タカネヒカゲとミヤマモンキチョウは、ともに幼虫《ようちゅう》です。日本《にっぽん》の高山《こうざん》チョウ十三種《しゅ》のうち、幼虫《ようちゅう》で冬《ふゆ》をこすものが十種《しゅ》います。これは、幼虫《ようちゅう》が寒《さむ》さにもっとも強《つよ》いからかもしれません。それに幼虫《ようちゅう》だと、草木《くさき》が芽《め》をだすとすぐに活動《かつどう》をはじめ、短《みじか》い期間《きかん》で成長《せいちょう》することができるからでしょう。

十一月《がつ》下旬《げじゅん》、高山《こうざん》はもう、
ふぶきの季節《きせつ》です。
高山《こうざん》チョウの幼虫《ようちゅう》たちは、
きびしい寒《さむ》さと強風《きょうふう》の中《なか》で
遠《とお》い春《はる》をまちつづけます。

## ＊高山《こうざん》チョウとは

### ●高山《こうざん》チョウのすむ場所《ばしょ》

本州《ほんしゅう》では，飛騨山脈《ひださんみゃく》(北《きた》アルプス)を中心《ちゅうしん》に，木曽山脈《きそさんみゃく》，赤石山脈《あかいしさんみゃく》，八ヶ岳《やつがたけ》，浅間山《あさまやま》などの中部山岳地帯《ちゅうぶさんがくちたい》がおもな生息地《せいそくち》です。北海道《ほっかいどう》では，大雪山《だいせつさん》がよく調査《ちょうさ》されています。日高山脈《ひだかさんみゃく》は，すんでいることはわかっていても，調査《ちょうさ》はあまり行《おこな》われていません。

これらの高山《こうざん》には，氷河期《ひょうがき》にできた地形《ちけい》が残《のこ》されている所《ところ》もあり，頂上付近《ちょうじょうふきん》は高山植物《こうざんしょくぶつ》におおわれています。

①利尻島《りしりとう》の利尻山《りしりさん》
②大雪山《たいせつさん》
③日高山脈《ひだかさんみゃく》
④妙高山《みょうこうさん》
⑤浅間山《あさまやま》
⑥八ヶ岳《やつがたけ》
⑦赤石山脈《あかいしさんみゃく》
⑧木曽山脈《きそさんみゃく》
⑨飛驒山脈《ひださんみゃく》
⑩加賀白山《かかはくさん》

明治時代《めいじじだい》の末《すえ》ごろ、それまでは、猟師《りょうし》や登山家《とざんか》のような特別《とくべつ》な人《ひと》だけが足《あし》をふみいれていた北《きた》アルプスへ、動植物《どうしょくぶつ》に関心《かんしん》をもつ人《ひと》びとも登《のぼ》るようになり、つぎつぎに新種《しんしゅ》のチョウが発見《はっけん》されました。そして、高山植物《こうざんしょくぶつ》という言葉《ことば》に対応《たいおう》して、高山《こうざん》にすむチョウ、高山《こうざん》チョウという名《な》がつけられたのです。

高山植物《こうざんしょくぶつ》というのは、高山《こうざん》のりょう線《せん》に近《ちか》い所《ところ》で生活《せいかつ》している植物《しょくぶつ》のことです。高山《こうざん》チョウも、卵《たまご》から成虫《せいちゅう》まで、一生《いっしょう》のすべてをそこですごすチョウということです。しかし、高山《こうざん》チョウといわれている全部《ぜんぶ》の種類《しゅるい》が、りょう線《せん》付近《ふきん》でくらしているわけではありません。

はじめ、りょう線《せん》の近《ちか》くで成虫《せいちゅう》が発見《はっけん》され、高山《こうざん》チョウとされていたものの、その後《ご》の調査《ちょうさ》で、低《ひく》い山《やま》や平地《へいち》近《ちか》くにもいることがわかったものも、数種類《すうしゅるい》はいっているのです。

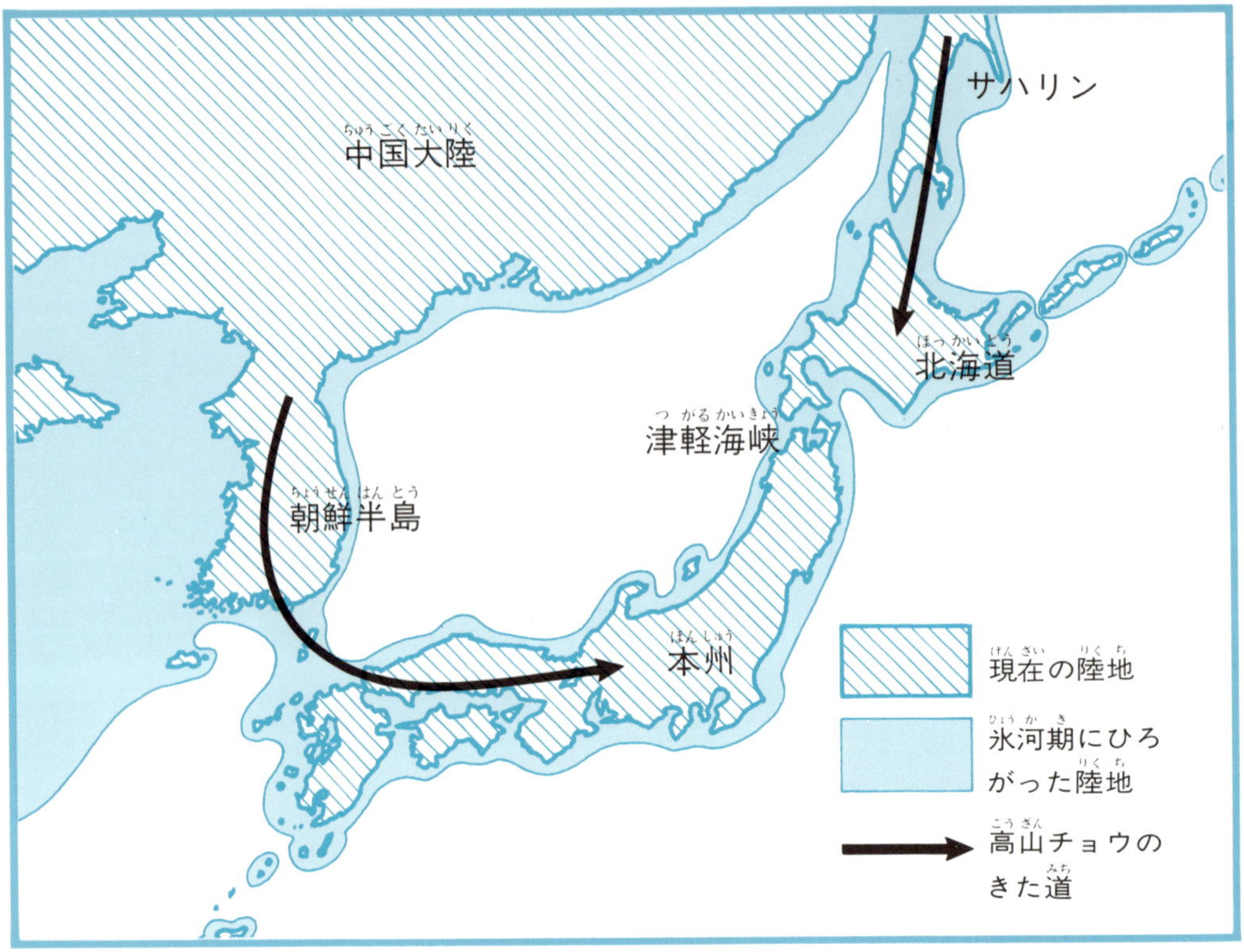


いまから二百万年《ひゃくまんねん》〜一万年前《まんねんまえ》までの間《あいだ》に、地球《ちきゅう》は数回《すうかい》の氷河期《ひょうがき》を経《へ》てきました。氷河《ひょうが》期《き》には、一年《ねん》の平均気温《へいきんきおん》がいまより十度《ど》も低《ひく》くなり、極地方《きょくちほう》に降《ふ》った雪《ゆき》がとけず、氷《ひょう》河《が》が大《おお》きくひろがりました。

当時《とうじ》の日本《にっぽん》は、アジア大陸《たいりく》と陸《りく》つづきになっていました。なぜかというと、これも寒《さむ》さのためです。海《うみ》から蒸発《じょうはつ》した水分《すいぶん》が、極地方《きょくちほう》を中心《ちゅうしん》に氷河《ひょうが》となって姿《すがた》をかえてしまい、そのぶん海水《かいすい》がへっていきました。

そして、海面《かいめん》はいまより百四十《ひゃく》〜二百《ひゃく》メートルも下《さ》がってしまいました。そのため、九州《きゅうしゅう》や山陰地方《さんいんちほう》は朝鮮半島《ちょうせんはんとう》と、北海道《ほっかいどう》はサハリン、シベリア方面《ほうめん》と陸《りく》つづきになったのです。

この氷河期《ひょうがき》のころ、北《きた》にすむチョウや動《どう》植物《しょくぶつ》が、しだいに南《みなみ》へと移動《いどう》してきて、陸《りく》

**ナキウサギ**　シベリアや中国《ちゅうごく》，日本《にっぽん》では北海道《ほっかいどう》の高山《こうざん》にすんでいます。大《おお》きな声《こえ》でキョッ，キョッと鳴《な》きます。

**ライチョウ**　北半球《きたはんきゅう》の寒帯《かんたい》に分布《ぶんぷ》し，日本《にっぽん》では，本州《ほんしゅう》の日本《にほん》アルプスの2,400 m 以上《いじょう》の高山帯《こうざんたい》にすんでいます。

## 氷《ひょう》河《が》時《じ》代《だい》からのなかま

つづきになった所《ところ》をわたり、日本《にっぽん》までやってきました。

しかし、氷河期《ひょうがき》がすぎ、ふたたび気温《きおん》が高《たか》くなるにつれて、これらの動植物《どうしょくぶつ》は、また北《きた》の地方《ちほう》へもどっていきました。

ところが、それらのなかの一部《いちぶ》に、気温《きおん》の低《ひく》い高山《こうざん》に残《のこ》ったものがいたのです。高山《こうざん》チョウや高山植物《こうざんしょくぶつ》などです。こうして、高山《こうざん》チョウや高山植物《こうざんしょくぶつ》は、高山《こうざん》というかぎられた場所《ばしょ》に、とじこめられた形《かたち》で、一万《まん》年《ねん》以上《いじょう》も前《まえ》から生《い》きつづけているというわけなのです。

このような氷河時代《ひょうがじだい》からの生《い》き残《のこ》りは、高山《こうざん》チョウや高山植物《こうざんしょくぶつ》だけではありません。日本《にほん》アルプスの高山帯《こうざんたい》にすむライチョウ、北海道《ほっかいどう》の大雪山系《だいせつさんけい》や日高山脈《ひだかさんみゃく》にすむナキウサギも、氷河時代《ひょうがじだい》からの生《い》き残《のこ》りとしてよく知《し》られています。

# ＊世界《せかい》の高山《こうざん》チョウ

日本《にっぽん》にすむ高山《こうざん》チョウのなかまは、北極《ほっきょく》をとりまくように、ユーラシア大陸《たいりく》と北米大陸《ほくべいたいりく》にもすんでいます。北方《ほっぽう》の気温《きおん》の低《ひく》いところでは、平地《へいち》にもくらしています。また、タカネヒカゲや北海道《ほっかいどう》の大雪山《だいせつざん》だけにいる種類《しゅるい》のように、高山性《こうざんせい》の強《つよ》いものほど、大陸《たいりく》でも寒《さむ》い地方《ちほう》にいます。

氷河時代《ひょうがじだい》にひろがったチョウが、気候《きこう》があたたかくなるにつれて北《きた》へもどっていき、そのいくつかが世界各地《せかいかくち》の山《やま》に残《のこ》って今日《こんにち》まで生《い》きつづけているのです。高山《こうざん》チョウとはすずしい気候《きこう》をこのみ、あたたかい地方《ちほう》では、気温《きおん》の低《ひく》い高山《こうざん》にしかすめないチョウということです。

●世界《せかい》の高山帯《こうざんたい》には，このほかにもいろいろな種類《しゅるい》の高山《こうざん》チョウがくらしています。

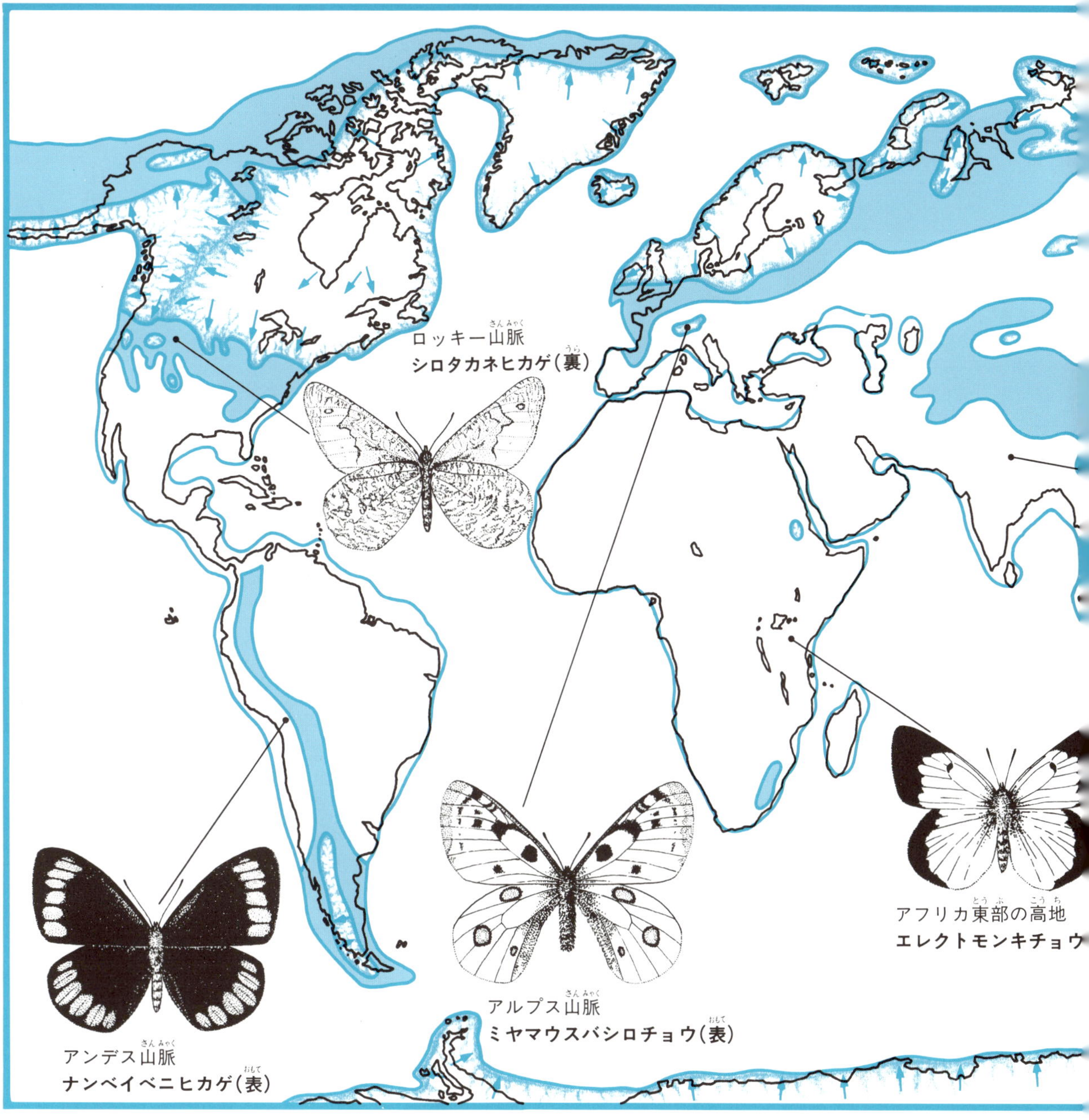


ツンドラ地帯《ちたい》

氷河期《ひょうがき》にひろがった陸地《りくち》

氷河《ひょうが》（矢印《やじるし》は氷《こおり》の流《なが》れた方向《ほうこう》）

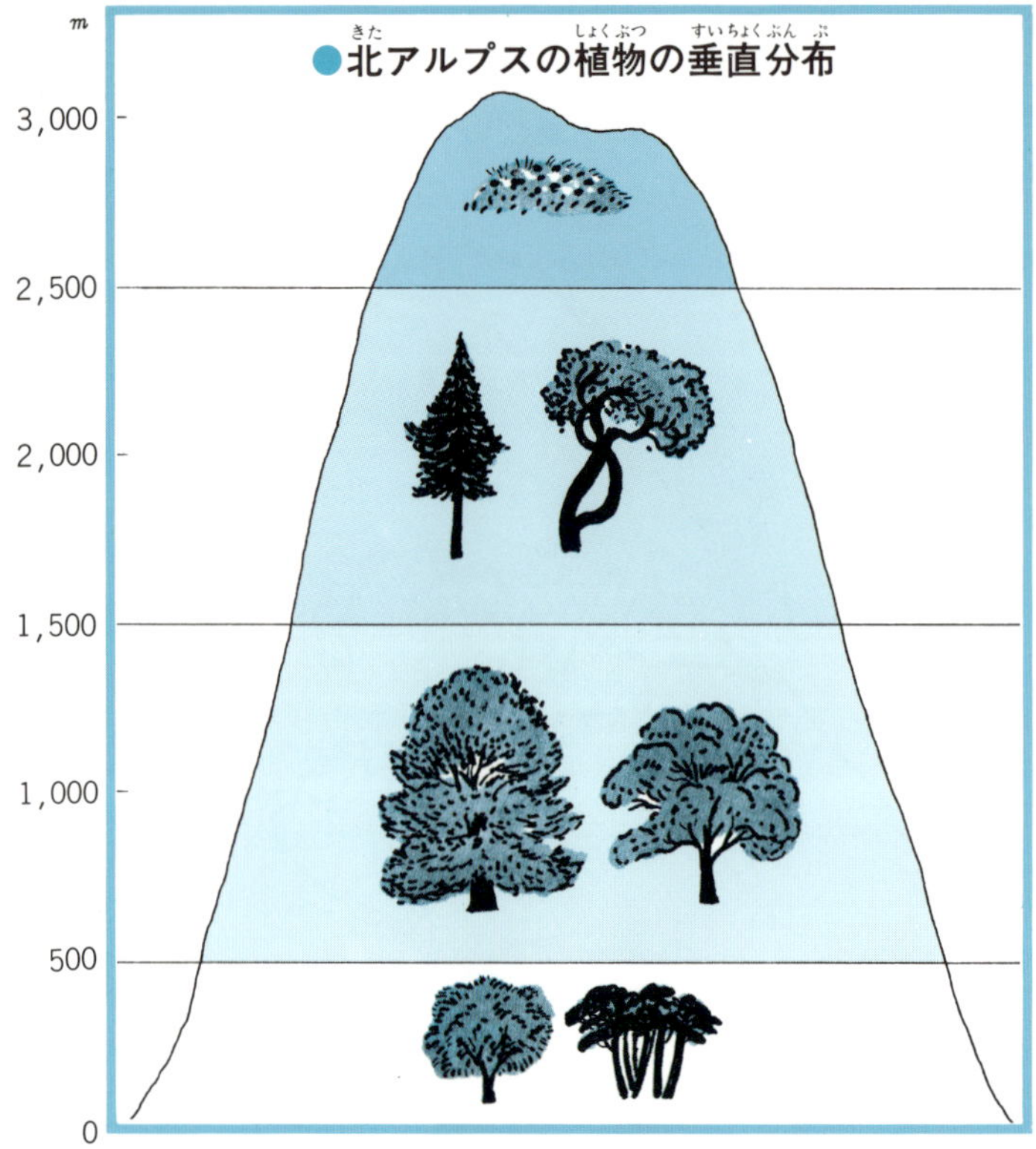


**高山帯《こうざんたい》**
ハイマツ，お花畑《はなばたけ》など。

**亜高山帯《あこうざんたい》**
シラビソ，ダケカンバなど。

**低山帯《ていざんたい》**
ブナ，トチノキなど。

**丘陵帯《きゅうりょうたい》**
クリ，アカマツなど。

*高山《こうざん》チョウの垂直分布《すいちょくぶんぷ》

高山《こうざん》チョウといわれているなかまでも、オオイチモンジ、コヒオドシ、ミヤマシロチョウの三種《しゅ》は、標高《ひょうこう》千《せん》七百《ひゃく》メートル前後《ぜんご》の川《かわ》べりにすみ、高山《こうざん》チョウという名《な》には、あまりふさわしくありません。

高山帯《こうざんたい》とは、はえている植物《しょくぶつ》によって、山《やま》のふもとから頂上《ちょうじょう》までを四つに分《わ》け、その標高《ひょうこう》のいちばん高《たか》い所《ところ》をいいます。本州《ほんしゅう》の北《きた》アルプスを例《れい》にとると、標高《ひょうこう》が、約《やく》二千《せん》五百《ひゃく》メートル以上《いじょう》の所《ところ》をいいます。そこは、気温《きおん》が低《ひく》く、風《かぜ》が強《つよ》いため、大《おお》きな木《き》は育《そだ》たず、ハイマツの群落《ぐんらく》とお花畑《はなばたけ》（高山《こうざん》性草原《せいそうげん》）がひろがっています。

このお花畑《はなばたけ》を、クモマベニヒカゲとベニヒカゲがとびかい、沢《さわ》の近《ちか》くに、タカネキマダラセセリとクモマツマキチョウがくらしています。タカネヒカゲとミヤマモンキ

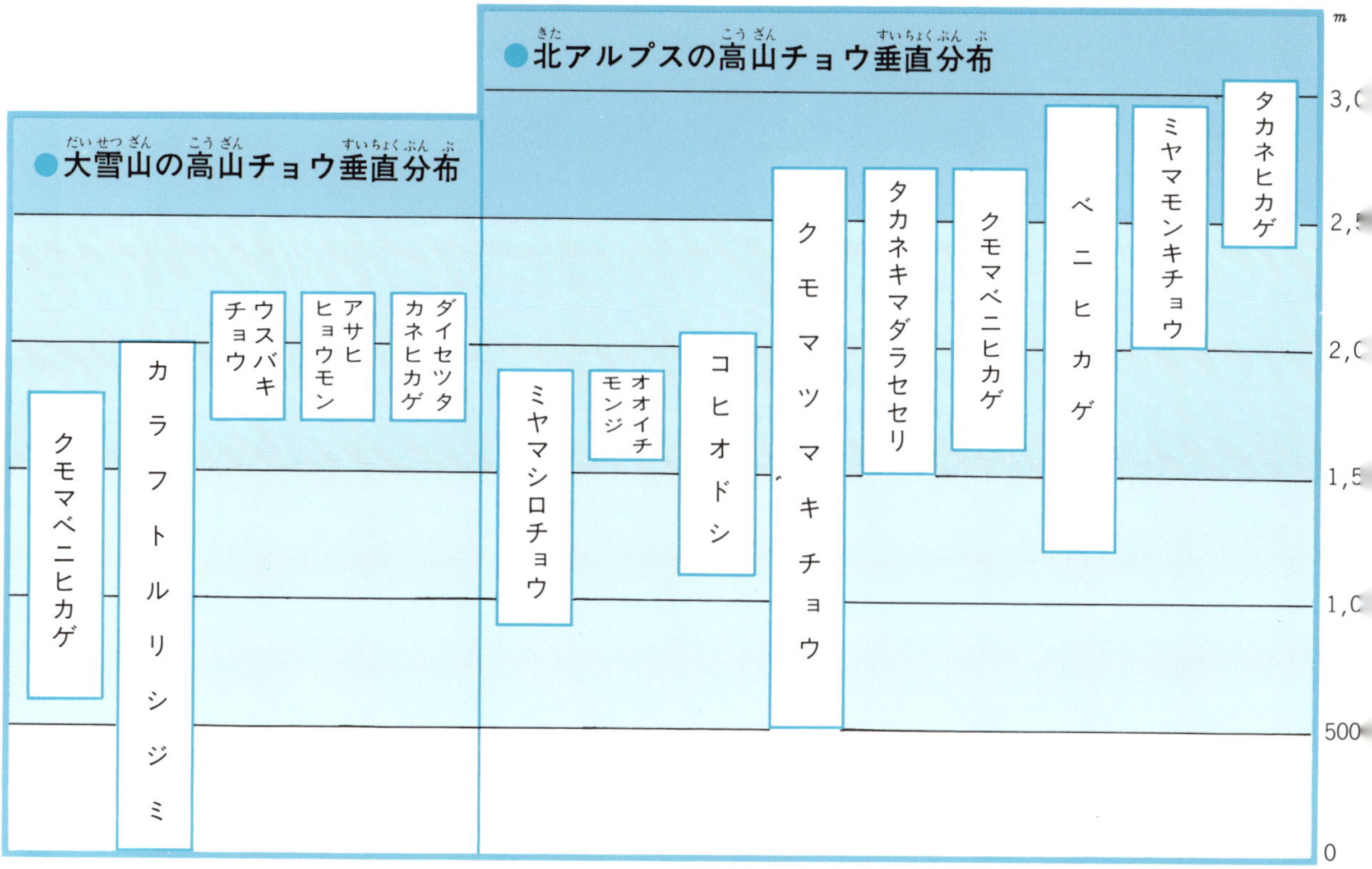


チョウは、もっと上《うえ》の、りょう線《せん》がすみかです。そこは、高山《こうざん》ツンドラとも呼《よ》ばれ、強《つよ》い風《かぜ》と乾燥《かんそう》にさらされています。植物《しょくぶつ》も乾燥《かんそう》にたえる小《ちい》さな草《くさ》と低木《ていぼく》にかわります。

本州《ほんしゅう》の高山《こうざん》チョウ九種《しゅ》のうち、クモマベニヒカゲ、ベニヒカゲ、オオイチモンジ、コヒオドシは北海道《ほっかいどう》にもいます。しかし、北海道《ほっかいどう》では、クモマベニヒカゲが高山帯《こうざんたい》にいるだけで、あとは、低《ひく》い山《やま》や平地《へいち》でくらしています。

本州《ほんしゅう》にも北海道《ほっかいどう》にもいる高山《こうざん》チョウはこの四種《しゅ》だけで、あとはそれぞれちがう種《しゅ》がいます。なぜなのでしょう。チョウは化石《かせき》がほとんどのこっていないので、まだはっきりしたことはわかっていません。ただ、日本《にっぽん》にわたってきた時期《じき》や、はいってきた道筋《みちすじ》のちがいなどが、その原因《げんいん》ではないかと考《かんが》えられています。

# *チョウの活動期間《かつどうきかん》と気温《きおん》

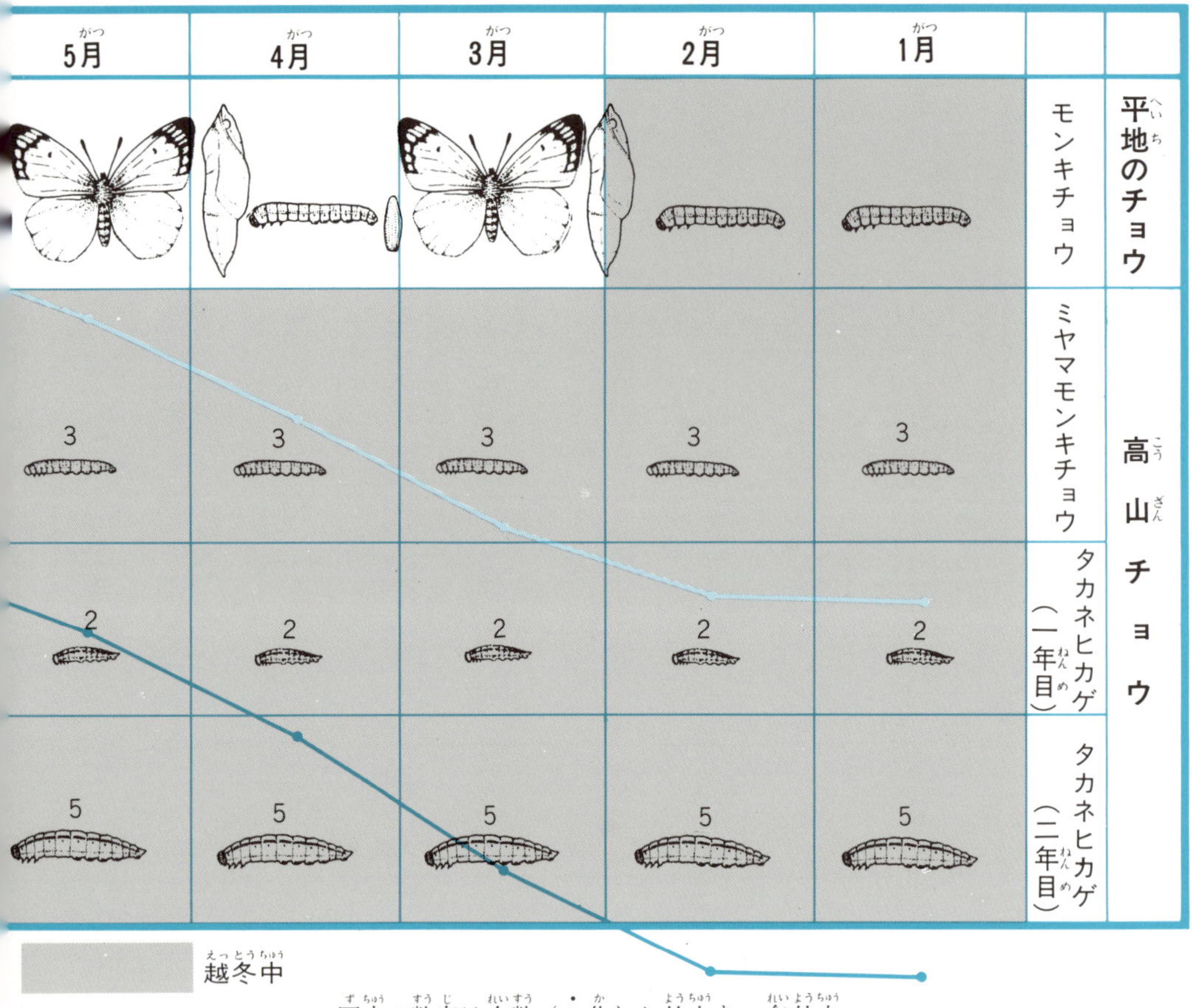


※図中《ずちゅう》の数字《すうじ》は令数《れいすう》（ふ化《か》した幼虫《ようちゅう》を一令幼虫《れいようちゅう》といい、一回脱皮《かいだっぴ》するごとに令数《れいすう》がふえます）。

チョウの成長《せいちょう》にとって、気温《きおん》はたいせつな要因《よういん》です。上《うえ》の図《ず》は、平地《へいち》にすむモンキチョウと、高山《こうざん》チョウのミヤマモンキチョウ、タカネヒカゲとの一年間《ねんかん》のくらしを、気温《きおん》との関係《かんけい》でしらべたものです。

モンキチョウはミヤマモンキチョウと同《おな》じなかまで、日本中《にっぽんじゅう》どこにでもいるチョウです。あたたかい地方《ちほう》では年《ねん》に五～六回《かい》、寒《さむ》い地方《ちほう》でも年《ねん》に三回ぐらい発《はっ》生《せい》します。

モンキチョウの活動《かつどう》を示《しめ》す気《き》温《おん》は、和歌山県《わかやまけん》のものです。高《こう》山《ざん》チョウの気温《きおん》は、北《きた》アルプスのふもと長野県《ながのけん》松本市《まつもとし》の気温《きおん》か

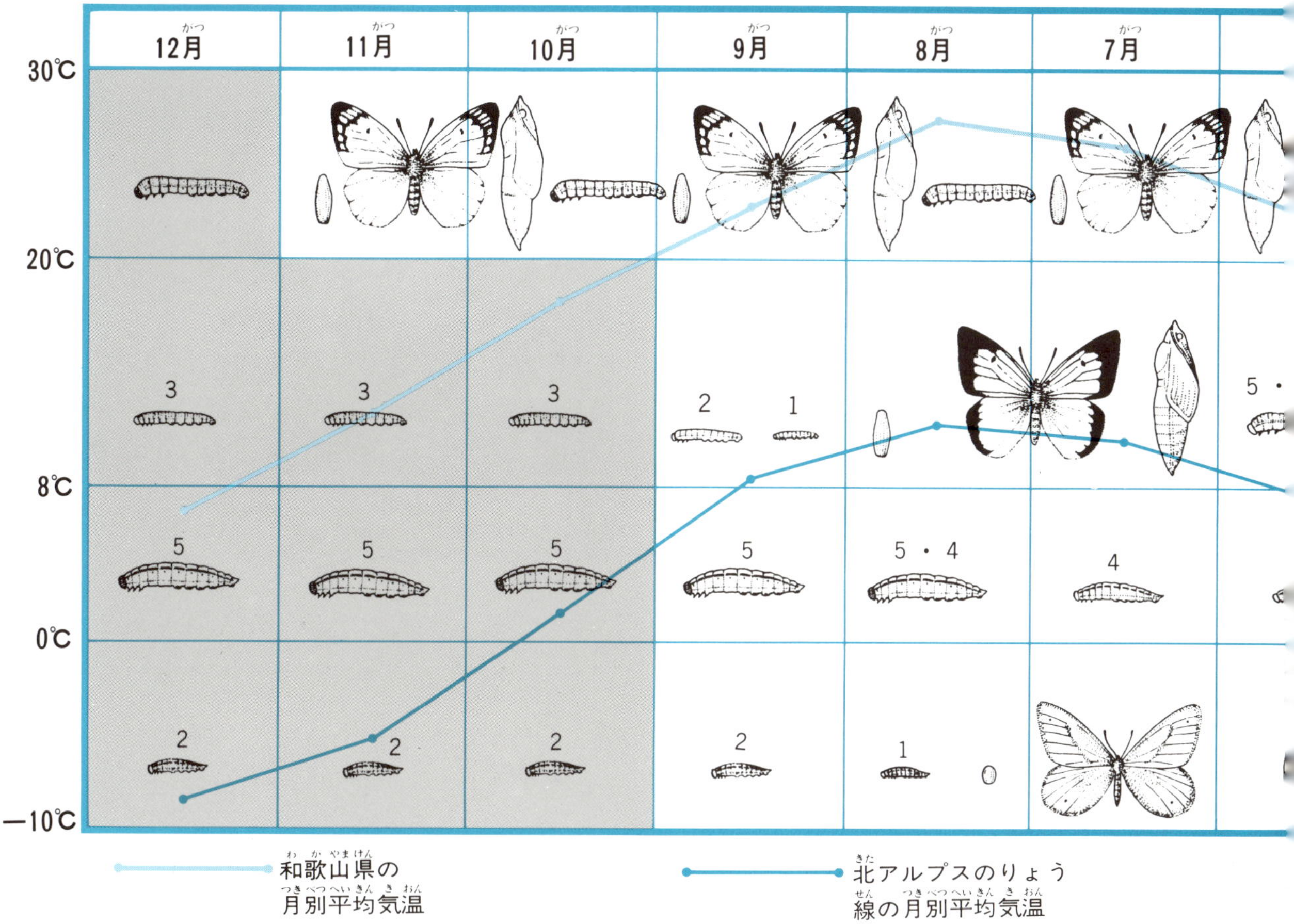


ら推定《すいてい》しました。山《やま》ではふつう百《ひゃく》メートル登《のぼ》るごとに約《やく》〇・五度《ど》下《さ》がるので、山《やま》の高《たか》さがわかればわりだすことができます。

上《うえ》の図《ず》をみると、モンキチョウも高山《こうざん》チョウも、月別平均《つきべつへいきん》気《き》温《おん》が八度《ど》をこえると、活動《かつどう》をはじめ、八度以下《どいか》に下《さ》がると、活《かつ》動《どう》しなくなることがわかります。また、高山《こうざん》チョウの活動《かつどう》できる期間《きかん》は四か月《げつ》、平地《へいち》のチョウはその二倍以上《ばいいじょう》もあります。

それに、高山《こうざん》チョウといっても、特《とく》に気温《きおん》の低《ひく》いときでも活《かつ》動《どう》できるわけではないのです。平地《へいち》のチョウにくらべ、より寒《さむ》さにたえることができ、反対《はんたい》に暑《あつ》さに弱《よわ》いチョウなのです。

＊低《ひく》い気温《きおん》とのたたかい

⬆岩《いわ》の上《うえ》でからだをあたためながら，クロマメノキの葉《は》を食《た》べるミヤマモンキチョウの幼虫《ようちゅう》。

高山《こうざん》の低《ひく》い気温《きおん》は、高山《こうざん》チョウの活動《かつどう》に大《おお》きなえいきょうをあたえています。

そのえいきょうが、もっともよくあらわれているのが、幼虫《ようちゅう》の成長《せいちょう》のおそいことです。日本《にっぽん》にすむ高山《こうざん》チョウ十三種《しゅ》のうち、五種《しゅ》が卵《たまご》から成虫《せいちゅう》になるまでに、足《あし》かけ三年もかかります。しかも、垂直分布《すいちょくぶんぷ》域《いき》が高《たか》いところのものほど、成長《せいちょう》がおそい傾向《けいこう》がみられます（四十七ページの図《ず》参照《さんしょう》）。

また、高山《こうざん》チョウの成虫《せいちゅう》も幼虫《ようちゅう》も、気温《きおん》の変化《へんか》にとてもびんかんです。成虫《せいちゅう》は、太陽《たいよう》が雲《くも》や霧《きり》にかくれると、すぐ活動《かつどう》を中止《ちゅうし》します。でも、高山《こうざん》にとんできた平地《へいち》のチョウは、くもってもとびつづけています。そのため、からだがひえてしまうのでしょう。残雪《ざんせつ》の上《うえ》に落《お》ちて死《し》んでいることがあります。

太陽《たいよう》がでていると、成虫《せいちゅう》は、はねを太陽《たいよう》に向《む》けてからだをあたためます。ミヤマモンキチョウの幼虫《ようちゅう》もよく日《ひ》なたぼっこをします。

## 高山《こうざん》チョウの成長《せいちょう》のようす

| 種《しゅ》名《めい》 | 1年目《ねんめ》 | 2年目《ねんめ》 | 3年目《ねんめ》 |
|---|---|---|---|
| タカネヒカゲ | | | |
| ミヤマモンキチョウ | | | |
| ベニヒカゲ | | | |
| クモマベニヒカゲ | | | |
| タカネキマダラセセリ | | | |
| クモマツマキチョウ | | | |
| コヒオドシ | | | |
| オオイチモンジ | | | |
| ミヤマシロチョウ | | | |
| ダイセツタカネヒカゲ | | | |
| ウスバキチョウ | | | |
| アサヒヒョウモン | | | |
| カラフトルリシジミ | | | |

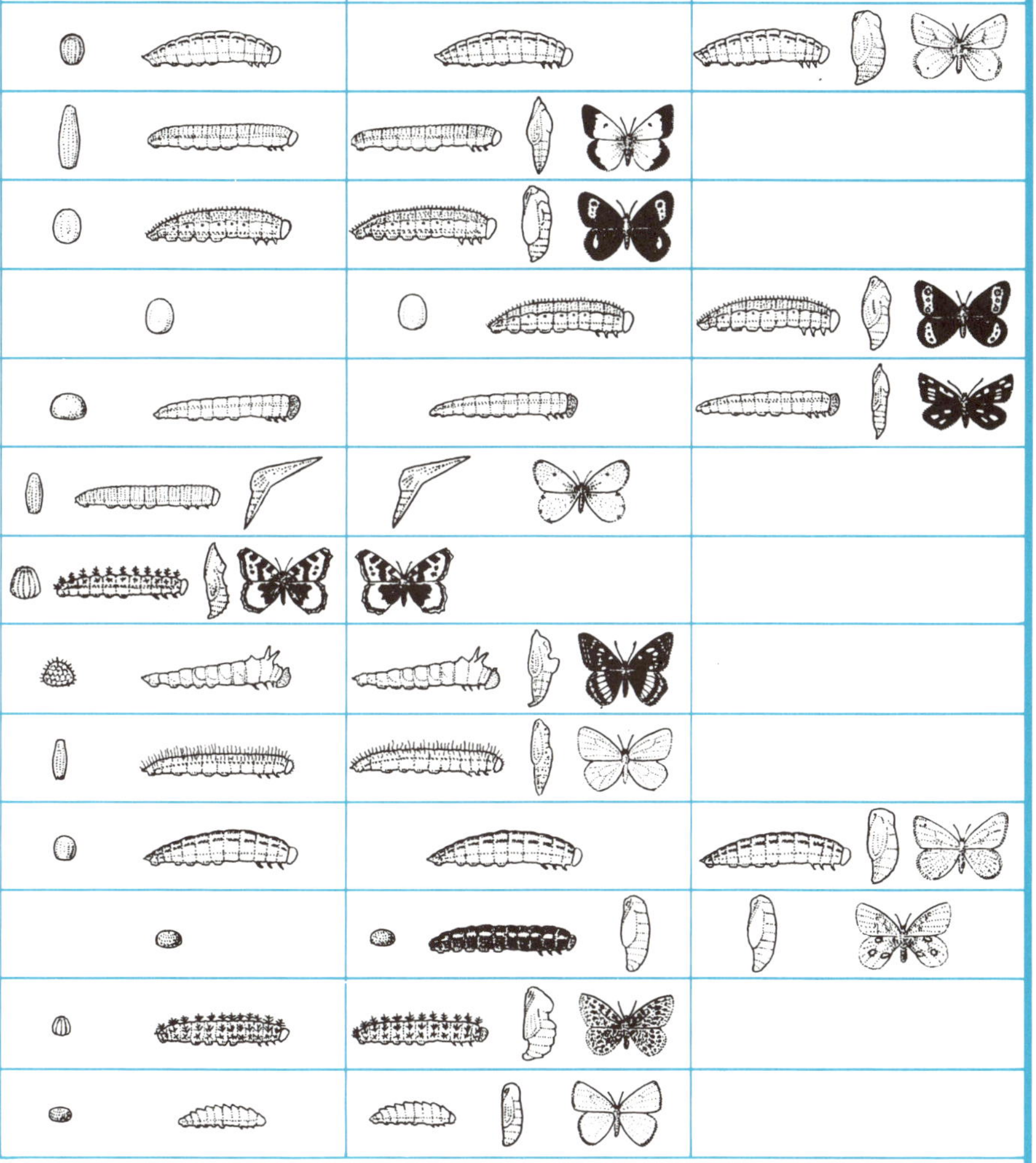

### コヒオドシの成長《せいちょう》

産卵《さんらん》。

集団《しゅうだん》でくらす幼虫《ようちゅう》。

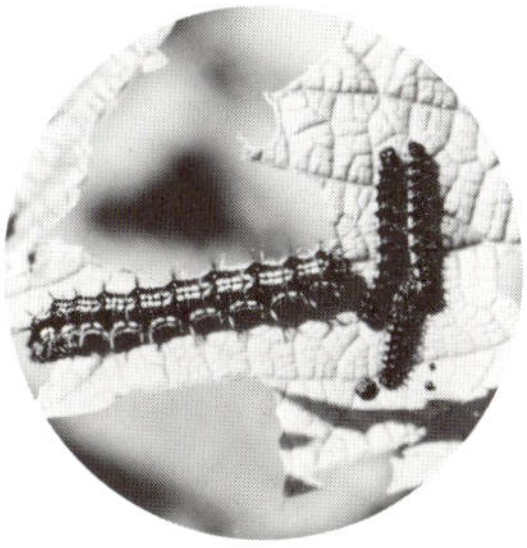

大《おお》きくなった幼虫《ようちゅう》。

さなぎ。

⬆氷河《ひょうが》でけずられた槍ヶ岳《やりがたけ》の岩原《いわはら》と，高山《こうざん》にさくチングルマの花《はな》(円内《えんない》)。

高山《こうざん》チョウにとって、高山植物《こうざんしょくぶつ》はたいせつな食《た》べものです。

しかし、近年《きんねん》になって、高山植物《こうざんしょくぶつ》はしだいにへってきています。交通《こうつう》の発達《はったつ》などで、たくさんの人《ひと》が山《やま》をおとずれるようになり、そのなかには、無神経《むしんけい》に草地《くさち》をふみつけたり、貴重《きちょう》な高《こう》山植物《ざんしょくぶつ》をもって帰《かえ》る人《ひと》までいるからです。

高山植物《こうざんしょくぶつ》は、遠《とお》い氷河時代《ひょうがじだい》から、高山《こうざん》のかぎられた場所《ばしょ》で生《い》きつづけてきました。高山植物《こうざんしょくぶつ》がへっていくことは、高山《こうざん》チョウの生《い》きていける環境《かんきょう》がなくなっていくことにもなります。

そのうえ、高山植物《こうざんしょくぶつ》がなくなってしまっても、高山《こうざん》チョウは、かんたんにほかの場所《ばしょ》へ移動《いどう》することができません。なぜなら、高山《こうざん》チョウのすめる環境《かんきょう》は、山《やま》ごとに遠《とお》くはなれればなれになっているからです。この点《てん》は、同《おな》じような環境《かんきょう》が広《ひろ》くつづいている平地《へいち》と、高山《こうざん》との大《おお》きなち

コマクサを食《た》べるウスバキチョウの幼虫《ようちゅう》。北海道《ほっかいどう》の大雪山《だいせつざん》にいる高山《こうざん》チョウです。

がいです。

山《やま》に登《のぼ》り、すがすがしい空気《くうき》をすい、そこに生《い》きる植物《しょくぶつ》や動物《どうぶつ》に親《した》しむことは、わたしたちにとても大《おお》きな喜《よろこ》びを与《あた》えてくれます。でも、それらが、かぎられた環境《かんきょう》でしか生《い》きられないということを、わたしたちは考《かんが》えていかなければならないでしょう。

## 富士山《ふじさん》には高山《こうざん》チョウはいない?

南《みなみ》アルプスからみた富士山《ふじさん》。

日本《にっぽん》一高《たか》い山《やま》である富士山《ふじさん》には、現在《げんざい》、高山《こうざん》チョウは一種《しゅ》もすんでいません。富士山《ふじさん》は、最近《さいきん》まで、はげしい噴火活動《ふんかかつどう》をくりかえしていました。また、富士山《ふじさん》は、まわりの山《やま》やまから孤立《こりつ》しています。そのため、ほかから高山《こうざん》チョウが、移《うつ》りすむことがむずかしかったようです。

同《おな》じ氷河時代《ひょうがじだい》の生《い》き残《のこ》り、ライチョウを、北《きた》アルプスから富士山《ふじさん》へ移《うつ》して、繁殖《はんしょく》させる試《こころ》みがおこなわれたことがあります。しかし、おもわぬ天敵《てんてき》のために、その試《こころ》みは失敗《しっぱい》しました。人間《にんげん》の手《て》による動植物《どうしょくぶつ》の移住《いじゅう》は、そうかんたんにはいかないのです。

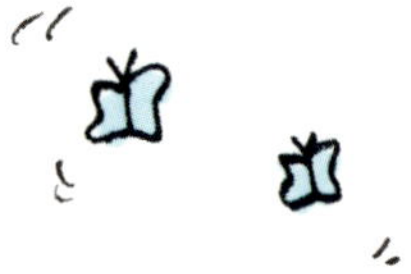

## あとがき

タカネヒカゲの撮影《さつえい》をするため、わたしは、北《きた》アルプスの常念小屋《じょうねんごや》近《ちか》くにテントをはり、夏《なつ》の四か月間《げつかん》観察《かんさつ》をつづけました。

高山《こうざん》のテント生活《せいかつ》はたいへんです。強《つよ》い風《かぜ》のために、テントごと吹《ふ》きとばされそうになったこともあります。雨《あめ》に降《ふ》られて、まる三日《か》、一歩《ぽ》も外《そと》へ出《で》られないこともありました。

でも、そんな苦労《くろう》の後《あと》には、かならずチョウたちとのすばらしい出会《であ》いがありました。岩《いわ》の下《した》から走《はし》り出《だ》してくる羽化《うか》したばかりの成虫《せいちゅう》、かれ葉《は》に卵《たまご》を産《う》む瞬間《しゅんかん》、まだうす暗《ぐら》くはだ寒《ざむ》い早朝《そうちょう》、卵《たまご》のからをやぶって生《う》まれ出《で》てくるかわいい幼虫《ようちゅう》たち――。これらは、わたしが高山《こうざん》チョウの生活《せいかつ》に近《ちか》い苦労《くろう》をしたから、みられたのだと思《おも》います。

日本《にっぽん》にはむかしから、野山《のやま》の生物《せいぶつ》をとってきて、自分《じぶん》の家《いえ》にかざる習慣《しゅうかん》があります。でも、自然《しぜん》に生《い》きているものをとってきてしまうと、ほんとうの美《うつく》しさや、生命《せいめい》のゆたかさはなくなってしまいます。

生物《せいぶつ》が、自然《しぜん》のなかで生《い》きているそのままの姿《すがた》をそっと観察《かんさつ》すれば、それらがどんなにいっしょうけんめい、またたくみに生《い》きているかに気《き》づくでしょう。

この本《ほん》は、監修《かんしゅう》と助言《じょげん》をいただいた堀勝彦《ほりかつひこ》さんをはじめ、たくさんの方《かた》がたのご援助《えんじょ》によってできました。心《こころ》より感謝《かんしゃ》いたします。

**斎藤嘉明《さいとうよしあき》**
（一九八三年六月）

NDC486
斎藤嘉明
科学のアルバム　虫 16
高山チョウのくらし

あかね書房 1983
54P　23×19cm

科学のアルバム
高山チョウのくらし

一九八三年　六　月初版
二〇〇五年　四　月新装版第　一　刷
二〇二三年一〇月新装版第一三刷

著者　斎藤嘉明
発行者　岡本光晴
発行所　株式会社 あかね書房
〒一〇一ー〇〇六五
東京都千代田区西神田三ー二ー一
電話〇三ー三二六三ー〇六四一（代表）
https://www.akaneshobo.co.jp
印刷所　株式会社 精興社
写植所　株式会社 田下フォト・タイプ
製本所　株式会社 難波製本


ISBN978-4-251-03379-6
定価は裏表紙に表示してあります。
落丁本・乱丁本はおとりかえいたします。

○表紙写真
・ハクサンシャクナゲにとまる
　ミヤマモンキチョウ
○裏表紙写真（上から）
・ミヤマモンキチョウの孵化《ふか》
・ミヤマモンキチョウの卵《たまご》
・ミヤマモンキチョウの羽化《うか》
○扉写真
・ハイマツにとまるタカネヒカゲ
○もくじ写真
・ウラジロキンバイの花《はな》にとまる
　ミヤマモンキチョウ

# 科学のアルバム

全国学校図書館協議会選定図書・基本図書
サンケイ児童出版文化賞大賞受賞

## 虫

- モンシロチョウ
- アリの世界
- カブトムシ
- アカトンボの一生
- セミの一生
- アゲハチョウ
- ミツバチのふしぎ
- トノサマバッタ
- クモのひみつ
- カマキリのかんさつ
- 鳴く虫の世界
- カイコ まゆからまゆまで
- テントウムシ
- クワガタムシ
- ホタル 光のひみつ
- 高山チョウのくらし
- 昆虫のふしぎ 色と形のひみつ
- ギフチョウ
- 水生昆虫のひみつ

## 植物

- アサガオ たねからたねまで
- 食虫植物のひみつ
- ヒマワリのかんさつ
- イネの一生
- 高山植物の一年
- サクラの一年
- ヘチマのかんさつ
- サボテンのふしぎ
- キノコの世界
- たねのゆくえ
- コケの世界
- ジャガイモ
- 植物は動いている
- 水草のひみつ
- 紅葉のふしぎ
- ムギの一生
- ドングリ
- 花の色のふしぎ

## 動物・鳥

- カエルのたんじょう
- カニのくらし
- ツバメのくらし
- サンゴ礁の世界
- たまごのひみつ
- カタツムリ
- モリアオガエル
- フクロウ
- シカのくらし
- カラスのくらし
- ヘビとトカゲ
- キツツキの森
- 森のキタキツネ
- サケのたんじょう
- コウモリ
- ハヤブサの四季
- カメのくらし
- メダカのくらし
- ヤマネのくらし
- ヤドカリ

## 天文・地学

- 月をみよう
- 雲と天気
- 星の一生
- きょうりゅう
- 太陽のふしぎ
- 星座をさがそう
- 惑星をみよう
- しょうにゅうどう探検
- 雪の一生
- 火山は生きている
- 水 めぐる水のひみつ
- 塩 海からきた宝石
- 氷の世界
- 鉱物 地底からのたより
- 砂漠の世界
- 流れ星・隕石